Maxim Kondratiev

Controle de energia para uma água alimentada eletricamente. Parte 1

Maxim Kondratiev

Controle de energia para uma água alimentada eletricamente. Parte 1

Campo da invenção: sistemas eletroquímicos de purificação de água

ScienciaScripts

Imprint
Any brand names and product names mentioned in this book are subject to trademark, brand or patent protection and are trademarks or registered trademarks of their respective holders. The use of brand names, product names, common names, trade names, product descriptions etc. even without a particular marking in this work is in no way to be construed to mean that such names may be regarded as unrestricted in respect of trademark and brand protection legislation and could thus be used by anyone.

Cover image: www.ingimage.com

This book is a translation from the original published under ISBN 978-620-7-80774-1.

Publisher:
Sciencia Scripts
is a trademark of
Dodo Books Indian Ocean Ltd. and OmniScriptum S.R.L publishing group

120 High Road, East Finchley, London, N2 9ED, United Kingdom
Str. Armeneasca 28/1, office 1, Chisinau MD-2012, Republic of Moldova, Europe
Printed at: see last page
ISBN: 978-620-8-05257-7

Maxim Kondratiev

CONTROLO DE POTÊNCIA PARA UMA MÁQUINA DE ÁGUA MOVIDA A ELECTRICIDADE.

Parte 1

Livro em 2 partes

Parte 1 - Domínio da invenção. A presente invenção está geralmente relacionada com o campo dos sistemas electroquímicos de purificação de água. Mais especificamente, a invenção refere-se ao controlo de potência para aparelhos de purificação de água acionados eletricamente.

Índice

CONTROLO DE POTÊNCIA PARA UM APARELHO DE TRATAMENTO DE ÁGUA ALIMENTADO ELECTRICAMENTE

REFERÊNCIA CRUZADA A APLICAÇÕES RELACIONADAS

Este pedido reivindica o benefício do Pedido Provisório dos EUA n.º.

CONTEXTO DA INVENÇÃO

Domínio da invenção

A presente invenção diz respeito, em geral, ao domínio dos sistemas electroquímicos de tratamento de água. Mais especificamente, a invenção diz respeito a um controlo de potência para um aparelho de tratamento de água alimentado eletricamente.

Descrição da arte relacionada

O tratamento eletroquímico da água foi praticado no início de 1900, ver, por exemplo, Hinkson, U.S. Pat. No. 820.113 (1906). No entanto, esta tecnologia caiu em desuso e, em textos recentes, o único aparelho elétrico de purificação de água mencionado é o equipamento de eletrodiálise que envolve membranas, principalmente para aplicações de dessalinização. Ver, por exemplo, Metcalf & Eddy, Wastewater Engineering: Treatment and Reuse (McGraw Hill 2003), em 1131-34. A presente invenção reflecte o trabalho do inventor na utilização de ferramentas, métodos e conhecimentos científicos modernos para fazer avançar o estado da arte neste domínio.

RESUMO DA INVENÇÃO

A invenção fornece um sistema eletroquímico completo de purificação de água. A configuração completa deste sistema, incluindo as formas de realização alternativas, é descrita em pormenor.

Uma das formas de realização deste sistema inclui um controlo de potência para um aparelho de tratamento de água alimentado eletricamente com células de eléctrodos. O controlo de potência inclui:

- uma fonte de alimentação principal com uma entrada de controlo;
- uma fonte de alimentação secundária com uma entrada de controlo;
- um sensor de corrente adaptado para medir a corrente eléctrica que flui através das células do aparelho de tratamento de água;

- um sensor de tensão adaptado para medir a tensão aplicada às células do aparelho de tratamento de água;
- um PLC com entradas do sensor de corrente e do sensor de tensão e saídas para as fontes de alimentação principal e secundária; e em que o PLC está programado de forma a maximizar a energia eléctrica aplicada às células sem sobreaquecimento.

Outros aspectos e vantagens da presente invenção serão evidentes a partir da leitura da descrição detalhada que se segue.

BREVE DESCRIÇÃO DOS DESENHOS

A Fig. 1 é uma representação esquemática do movimento de correntes de água impura e da sua sincronização.

A Fig. 2 é uma vista esquemática em corte transversal de um corpo de reator eletroquímico W2W da presente invenção.

A Fig. 2'é uma ligeira revisão da Fig. 2.

A Fig. 3 é uma vista em corte esquemática em perspetiva de um corpo de reator eletroquímico W2W da presente invenção.

A Fig. 3'é uma ligeira revisão da Fig. 3.

A Fig. 4 é uma vista em perspetiva de um reator eletroquímico W2W com duas cassetes de células de eléctrodos e os eléctrodos associados.

A Fig. 8 é um esquema geral de uma das modalidades de um sistema W2W da presente invenção.

Mostra uma cassete de célula de eléctrodos e o respetivo par de eléctrodos de carga oposta da presente invenção em três vistas diferentes.

A Fig. 1 é uma vista em perspetiva de duas cassetes de células de eléctrodos e do respetivo par de eléctrodos de carga oposta da presente invenção.

A Fig. 5 é uma vista explodida de uma modalidade de cassete de célula de eléctrodos e dos eléctrodos associados da presente invenção.

A Fig. 6 mostra a construção auto-selante das células de eléctrodos da presente invenção em duas vistas de secção transversal.

A Fig. 7 é um diagrama de fluxo de água básico de um sistema W2W.

A Fig. 8 é um esquema geral de uma das modalidades de um sistema W2W da presente invenção.

A Fig. 9 é uma vista esquemática em corte transversal de uma das modalidades de um reator eletroquímico W2W da presente invenção.

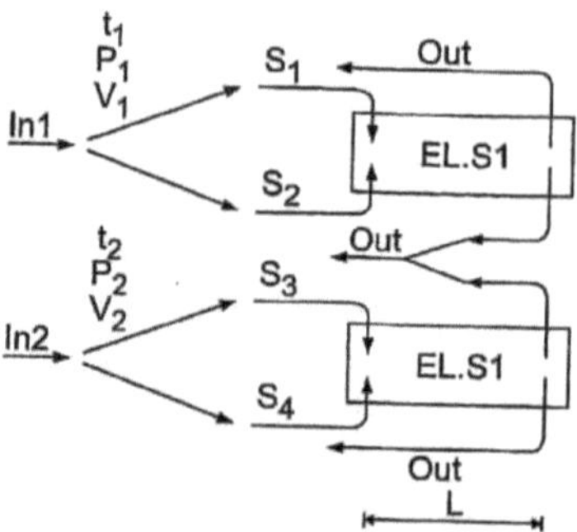

L/V=T(Const) for S_1; S_2; S_3; S_4
In Sells S -S Time-Cost. for All Streams

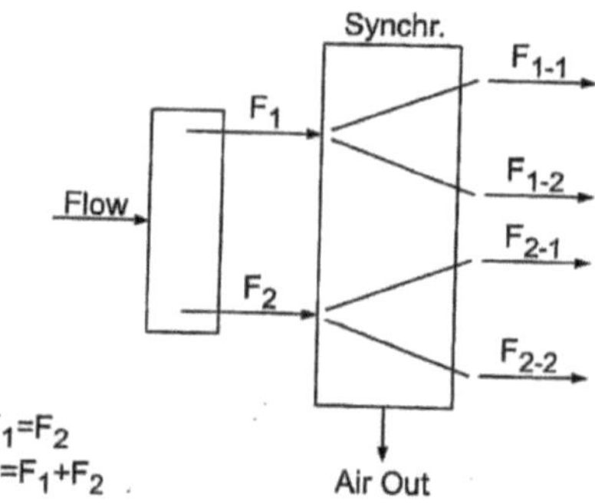

$F_{1-1}=F_{1-2}=F_{2-1}=F_{2-2}=F/4$

FIG. 1

A Fig. 1 é uma representação esquemática do movimento de correntes de água impura e da sua sincronização.

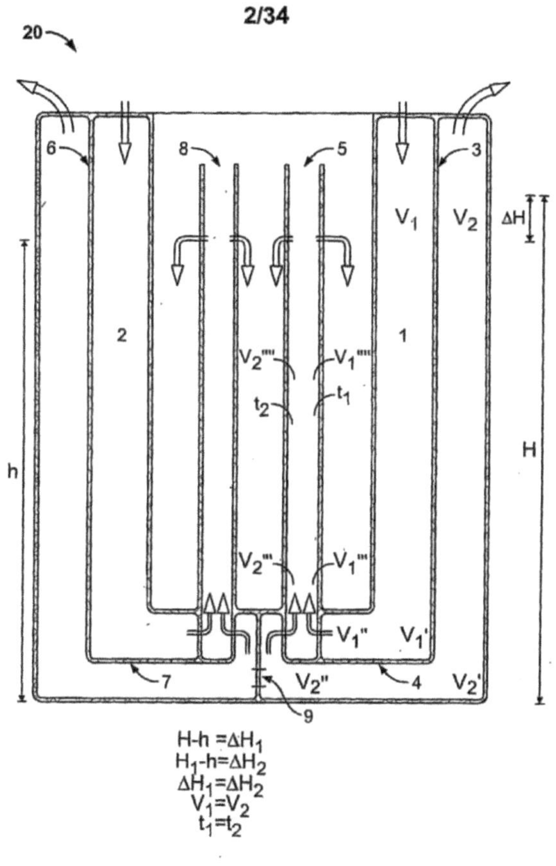

FIG. 2

A Fig. 2 é uma vista esquemática em corte transversal de um corpo de reator eletroquímico W2W da presente invenção.

4/34

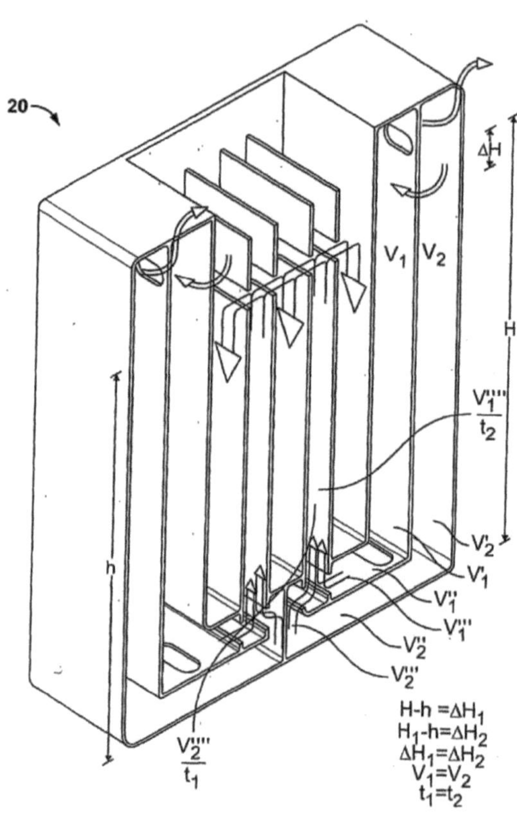

FIG. 3

SUBSTITUTE SHEET (RULE 26)

A Fig. 3 é uma vista em corte esquemática em perspetiva de um corpo de reator eletroquímico W2W da presente invenção.

Table 1: Results of Comparative Tests of Various Cassettes

Source	Connec-tion	Cassette type	Water through-put	Cur-rent	Vol-tage	Power	pH			Conduc-tivity			Cu mg/l			Date
A/V			l/h	A	V	kW	In-put	An-ode	Ca-thode	Input	An-ode	Ca-thode	Input	An-ode	Ca-thode	
50/50	Parallel	Anode Al Cathode Al No Mem-brane	2000	96	25	2.496	8.5	8.5	9	1380	1470	1340	75 - 37.6	25 - 2	37.5 - 12.5	4.02
30/100	Parallel	Anode Al Cathode Al No Mem-brane	2000	56	24	1.344	9	8.5	9	1385	1390	1370	60 - 30	30 - 15	40 - 30	4.02
50/60	Parallel	Anode Steel Cathode Steel No Mem-brane	2000	96	24	2.304	8.5	8.5	9	1497	1510	1345	50 - 30	37.5 - 20	40 - 25	4.02
30/100	Parallel	Anode Steel Cathode Steel No Mem-brane	2000	56	14	0.784	8.5	8.5	9	1520	1540	1412	37.5 - 30	25 - 20	25 - 20	4.02
50/60	Parallel	Anode Ti Cathode Ti No Mem-brane	2000	96	29	2.784	9	9	9.5	1670	1725	1625	70 - 53	45 - 15	65 - 25	7.02
30/100	Parallel	Anode Ti Cathode Ti No Mem-brane	2000	56	21	1.176	9	9	9.5	1655	1566	1566	60 - 30	50 - 18	60 - 37.5	7.02

A Fig. 10 mostra uma cassete de célula de eléctrodos e o respetivo par de eléctrodos de carga oposta da presente invenção em três vistas diferentes.

A Fig. 11 é uma vista em perspetiva de duas cassetes de células de eléctrodos e do respetivo par de eléctrodos de carga oposta da presente invenção.

A Fig. 12 é outra vista em perspetiva de duas cassetes de células de eléctrodos e do respetivo par de eléctrodos de carga oposta da presente invenção.

A Fig. 13 é um diagrama esquemático que mostra como a água flui através dos eléctrodos da presente invenção.

A Fig. 14 é um esquema geral de uma modalidade de um sistema W2W com fontes de alimentação automaticamente controláveis.

A Fig. 15 é um diagrama esquemático das fontes de alimentação automaticamente controláveis da Fig. 14.

A Fig. 16 é um diagrama esquemático de fontes de alimentação ligadas em série e das suas ligações a um autómato.

A Fig. 17 é outro diagrama esquemático de fontes de alimentação ligadas em série.

A Fig. 18 é um diagrama esquemático de fontes de alimentação ligadas em paralelo e das suas ligações a um autómato.

A Fig. 19 é outro diagrama esquemático de fontes de alimentação ligadas em paralelo. A Fig. 20 é um diagrama esquemático de fontes de alimentação ligadas em pseudo-paralelo e as suas ligações a um PLC.

A Fig. 21 é um diagrama esquemático de uma interface de placa de controlo da presente invenção.

A Fig. 22 é um diagrama esquemático de um sistema W2W da presente invenção.

A Fig. 23 é um diagrama esquemático de um sistema W2W com um plano de amostragem de água, em que Refere ou ponto de tomada para inspeção da água incluída no sistema W2W, Brefers ou um ponto de tomada para inspeção da água que sai do reator (katholyte), C refere-se a um ponto de tomada para inspeção da água que sai do reator (anolyte), e D refere-se a um ponto de tomada para inspeção da água que sai do sistema W2W.

A Fig. 24 é um diagrama esquemático de um sistema W2W com um percurso de fluxo de água indicado, em que 1 se refere a um reator eletroquímico, 2 se refere a recipientes de sedimentação, 3 se refere a um tanque tampão e 4 se refere a um tanque preliminar.

A Fig. 25 é um diagrama esquemático de um sistema W2W com outro plano de amostragem de água, no qual Refere-se a um ponto de tomada de água para inspeção da água incluída no sistema W2W, B refere-se a um ponto de tomada de água para inspeção da água incluída no reator, Cl refere-se a um ponto de tomada de água para inspeção da água que sai do reator (católito), C2 refere-se a um ponto de tomada de água para inspeção da água que sai dos 3 filtros de 50 mícrones e dos recipientes de sedimentação, D1 refere-se a um ponto de tomada de água para inspeção da água que sai do reator (anólito), D2 refere-se a um ponto de tomada de água para inspeção da água que sai do reator (anólito) numa entrada do recipiente intermédio após o filtro de 50 mícrones, Refere-se a um ponto de tomada de água para inspeção da água que flui através das colunas com resina de permuta iónica, e F refere-se a um ponto de tomada de água para inspeção da água que sai do sistema W2W.

A Fig. 26 é um diagrama esquemático de um reator eletroquímico W2W e das suas ligações a fontes de alimentação e a um filtro mecânico, em que VS representa o sensor de tensão e CS o sensor de corrente.

A Fig. 27 é um diagrama esquemático que mostra as fontes de alimentação ligadas em paralelo e os eléctrodos ligados em paralelo.

A Fig. 28 é um diagrama esquemático que mostra as fontes de alimentação ligadas em paralelo e os eléctrodos ligados em série.

A Fig. 29 é um diagrama esquemático que mostra as fontes de alimentação ligadas em série e os eléctrodos ligados em paralelo.

A Fig. 30 é um diagrama esquemático que mostra as fontes de alimentação ligadas em série e os eléctrodos ligados em série.

A Fig. 31 é um diagrama esquemático de uma forma de realização de um sensor/estabilizador de tensão e da sua ligação a um autómato.

A Fig. 32 é um diagrama esquemático de uma forma de realização de um sensor/estabilizador de corrente e da sua ligação a um PLC.

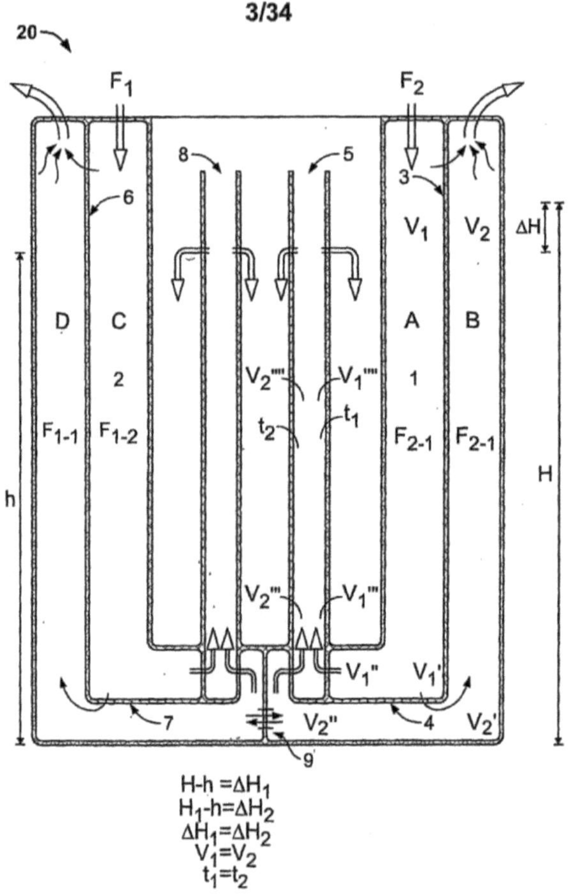

FIG. 2'

SUBSTITUTE SHEET (RULE 26)

A Fig. 2'é uma ligeira revisão da Fig. 2.

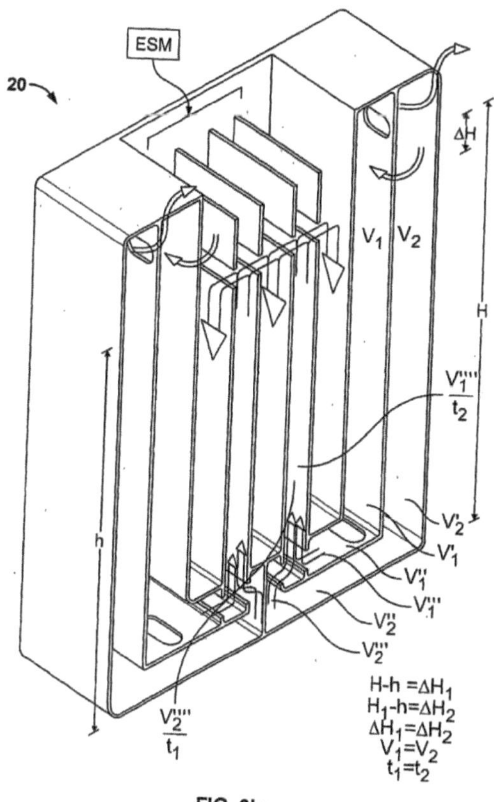

FIG. 3'

A Fig. 3'é uma ligeira revisão da Fig. 3.

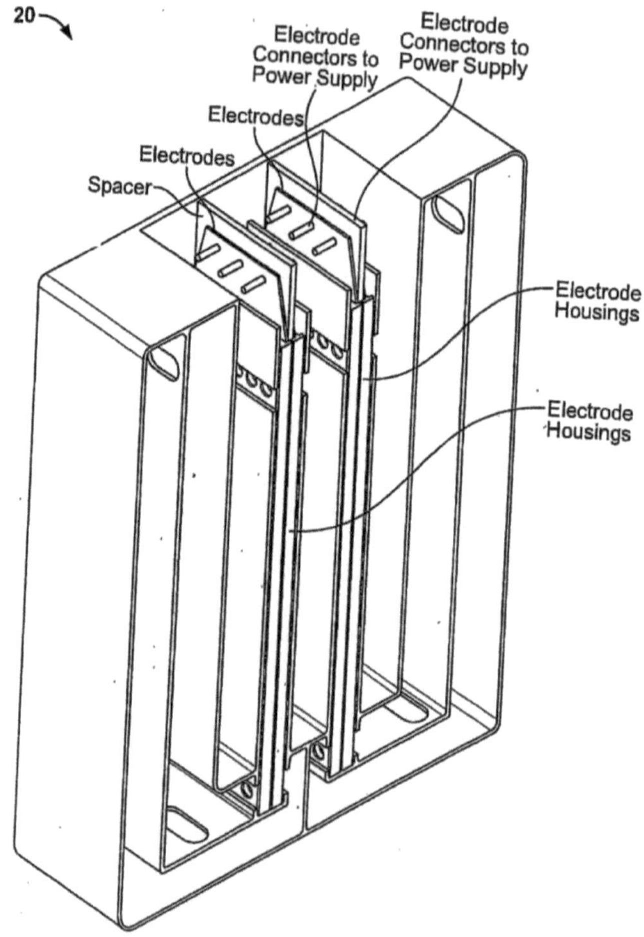

FIG. 4

A Fig. 4 é uma vista em perspetiva de um reator eletroquímico W2W com duas cassetes de células de eléctrodos e os eléctrodos associados.

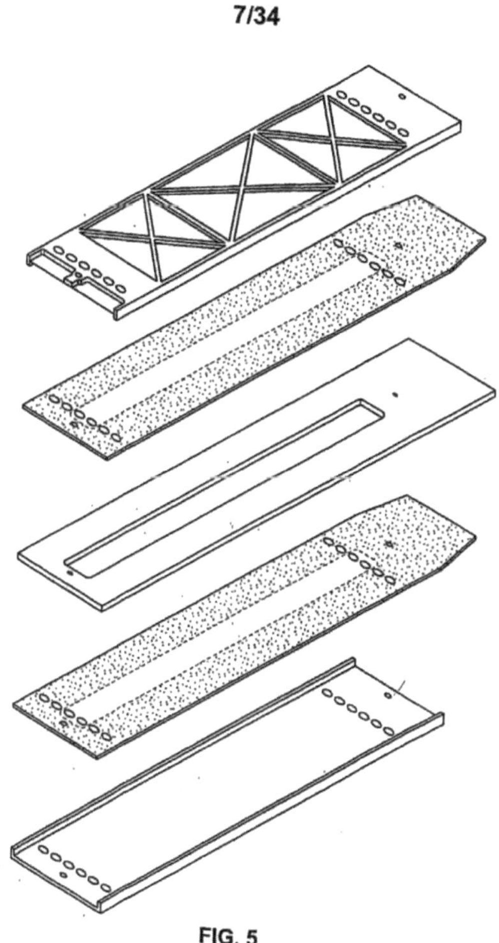

FIG. 5

A Fig. 5 é uma vista explodida de uma modalidade de cassete de célula de eléctrodos e dos eléctrodos associados da presente invenção.

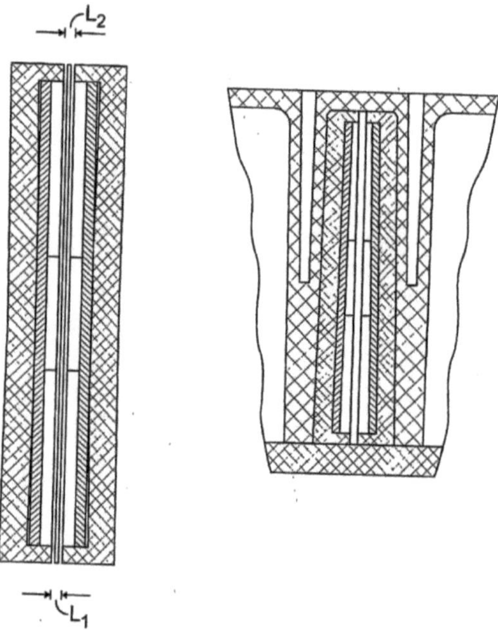

FIG. 6

A Fig. 6 mostra a construção auto-selante das células de eléctrodos da presente invenção em duas vistas de secção transversal.

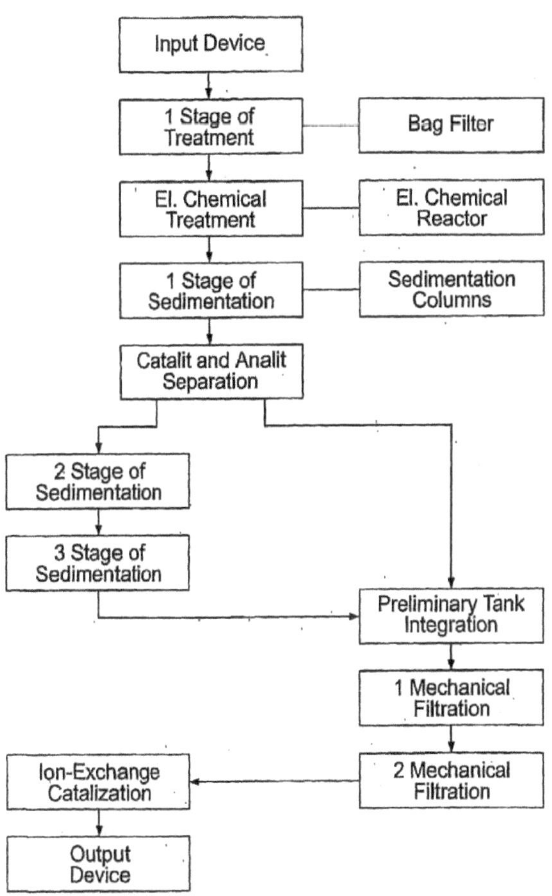

A Fig. 7 é um diagrama de fluxo de água básico de um sistema W2W.

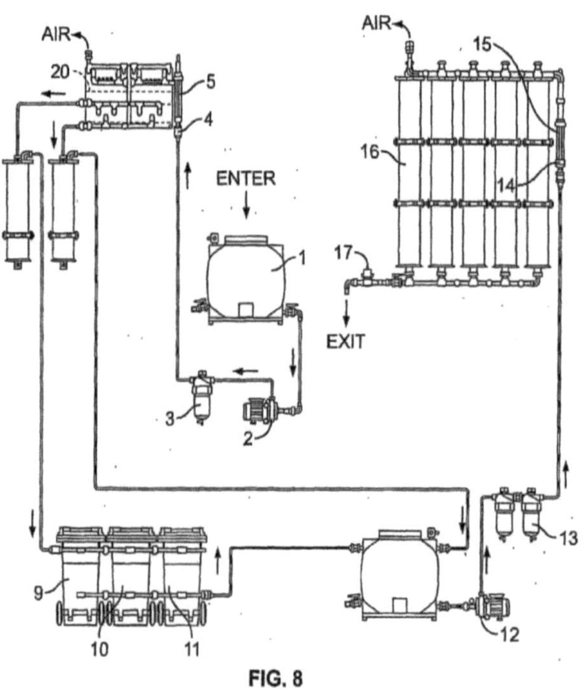

FIG. 8

A Fig. 8 é um esquema geral de uma das modalidades de um sistema W2W da presente invenção.

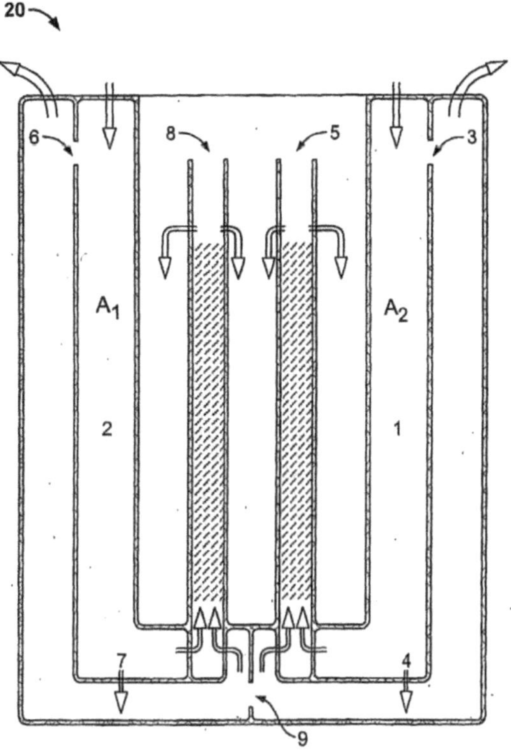

FIG. 9

A Fig. 9 é uma vista esquemática em corte transversal de uma das modalidades de um reator eletroquímico W2W da presente invenção.

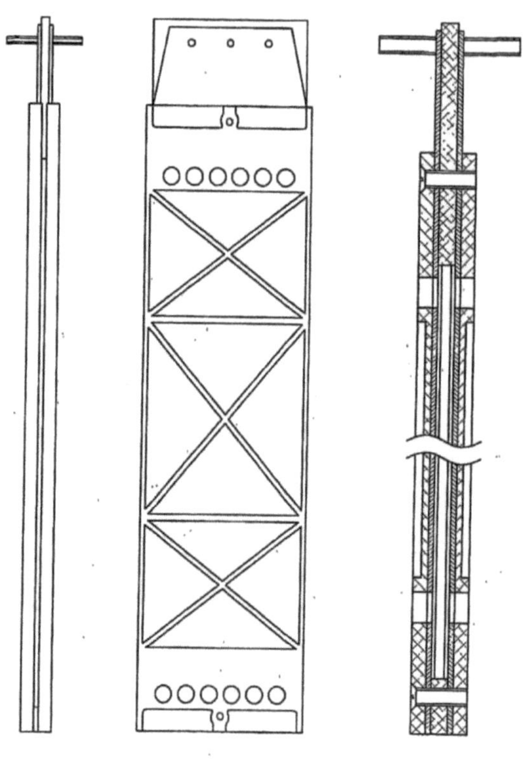

FIG. 10

A Fig. 10 mostra uma cassete de célula de eléctrodos e o respetivo par de eléctrodos de carga oposta da presente invenção em três vistas diferentes.

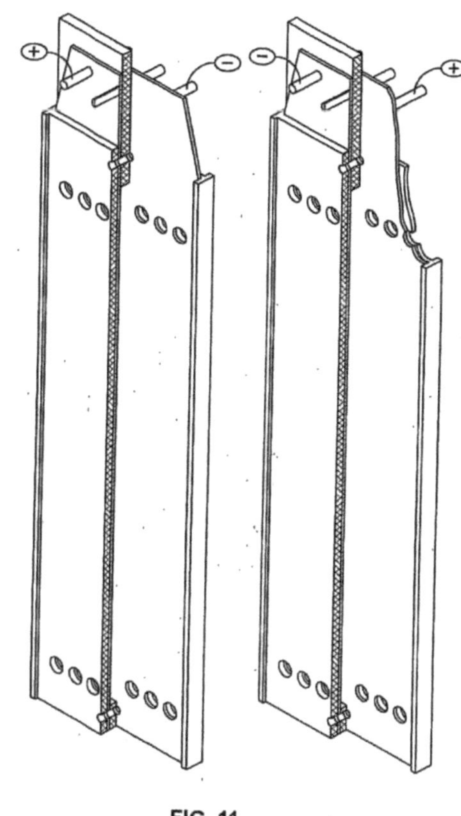

FIG. 11

A Fig. 11 é uma vista em perspetiva de duas cassetes de células de eléctrodos e do respetivo par de eléctrodos de carga oposta da presente invenção.

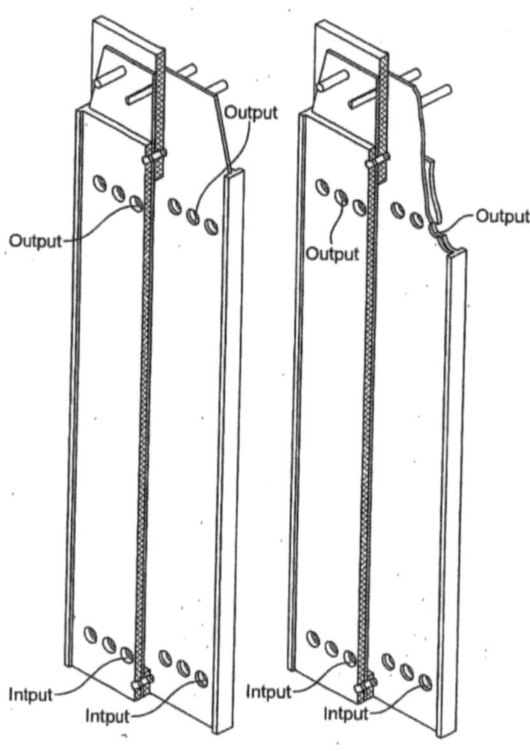

FIG. 12

A Fig. 12 é outra vista em perspetiva de duas cassetes de células de eléctrodos e do respetivo par de eléctrodos de carga oposta da presente invenção.

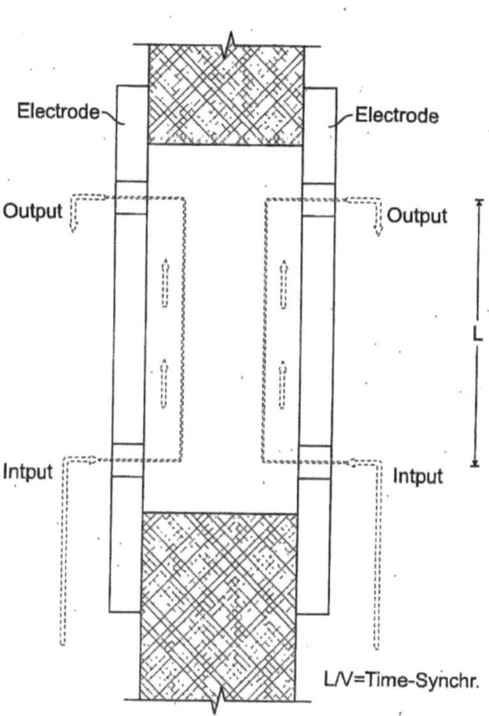

FIG. 13

A Fig. 13 é um diagrama esquemático que mostra como a água flui através dos eléctrodos da presente invenção.

DESCRIÇÃO PORMENORIZADA DA INVENÇÃO

A divulgação e a descrição do pedido de patente internacional PCT de Mey Rechavam n.º PCT/IL02/00911, atualmente ativo, apresentado em 14 de novembro de 2002, intitulado: "SISTEMA DE TRATAMENTO DE ÁGUAS RESIDUAIS", com prioridade do pedido de patente provisória dos EUA n.º 60/387,585, apresentado em 12 de junho de 2002, são aqui incorporadas por referência. O pedido de patente PCT de Mey Rechavam citado descreve em pormenor a conceção, construção e implementação do reator eletroquímico, dos subsistemas de pré-tratamento e dos subsistemas de pós-tratamento, sem qualquer descrição direta ou indireta da conceção, construção e/ou operação síncrona e/ou sinérgica do reator eletroquímico para proporcionar um processo eletroquímico estável e síncrono e condições de fluxo hidrodinâmico.

A presente divulgação e descrição da invenção Mey Rechavam (W2W7M), a seguir também designada de forma equivalente como invenção Mey Rechavam (W2W), ou como reator eletroquímico Mey Rechavam (W2W), ou como sistema W2W, ou como sistema de tratamento/purificação/regeneração de água Mey Rechavam (W2W), está organizada e é apresentada em quatro partes principais. A Parte 1 é uma introdução geral e uma descrição global do sistema W2W. A parte 2 é uma descrição pormenorizada ilustrativa da estrutura, função e funcionamento das formas de realização principais e alternativas, e dos respectivos componentes, do sistema W2W. A Parte 3 é uma descrição pormenorizada da prática e das aplicações "reais" exemplares do sistema W2W, bem como da análise dos resultados obtidos. A Parte 4 é uma descrição pormenorizada do modo como o controlo de potência da presente invenção sincroniza o fornecimento de energia a um reator eletroquímico W2W.

Breve descrição do produto

Sistemas e equipamentos proprietários, integrados, escaláveis, adaptáveis e modulares, bem como serviços de apoio técnico dos mesmos, para tratar/purificar/regenerar tipos e quantidades comerciais de água impura corrente. Com base na separação e remoção de impurezas inorgânicas e/ou orgânicas (por exemplo, metais, sulfatos, fosfatos, óleos e gorduras) da água impura que flui através de, e interage com eléctrodos alojados em, pelo menos, duas células de eléctrodos especialmente concebidas e construídas para proporcionar um processo eletroquímico estável e síncrono e condições de fluxo hidrodinâmico. Conceção e funcionamento eficientes e rentáveis de um mecanismo de fornecimento de energia, incluindo um par de unidades de fornecimento de energia ligadas e operacionais de forma síncrona, para energizar de forma síncrona os eléctrodos que oxidam e reduzem os componentes na água corrente em contacto. Os componentes da água oxidada/reduzida gerados complexam as impurezas na água corrente através de mecanismos que envolvem a coagulação e a precipitação, formando assim complexos de impurezas removíveis, por exemplo, por sedimentação, da água corrente. Automatizada e computorizada, incluindo equipamento, procedimentos e software de controlo automático de processos e de feedback.

Parte 1 - Introdução geral e descrição global.

Segue-se uma introdução geral e uma descrição global do sistema de tratamento/purificação/regeneração de água Mey Rechavam (W2W).
A invenção Mey Rehavam (W2W) está relacionada com o domínio geral do tratamento/purificação/regeneração de água e, mais especificamente, com um método, dispositivo e sistema para tratar/purificar/regenerar tipos e quantidades comerciais de água impura em condições de escoamento.

A invenção W2W apresenta uma variedade de propriedades, caraterísticas, comportamentos e fenómenos electroquímicos e hidrodinâmicos sincronizados e sinergicamente inter-relacionados, que são novos (não previstos) e inventivos (não derivados obviamente de invenções do estado da técnica no domínio do tratamento/purificação/regeneração da água). A estrutura e o funcionamento da invenção W2W, e os seus componentes, são concebidos, construídos e implementados utilizando técnicas de engenharia, equipamento e materiais convencionais, com base em teorias, leis e considerações físicas, químicas e matemáticas associadas bem conhecidas. A invenção W2W corresponde a um novo e único modelo sincronizado e sinérgico de um sistema não linear, influenciado por flutuações contínuas dos parâmetros primários do sistema relacionados com a água corrente que está a ser tratada, ou seja, a concentração de componentes químicos na água corrente e a condutividade da água corrente.

Tendo em conta que a invenção W2W para a purificação de água corrente impura tem de lidar com condições flutuantes, inclui, portanto, disposições para atenuar as "instabilidades selectivas" caraterísticas da maioria das tecnologias ecológicas.

Isto é conseguido através de mecanismos de ordem "orgânica" ou "natural", que, como parte da invenção descrita para a regeneração de água impura, proporcionam a capacidade de sincronizar e inter-relacionar sinergicamente propriedades, caraterísticas, comportamento e fenómenos electroquímicos e hidrodinâmicos.

Um objetivo importante da invenção W2W baseia-se em princípios abrangentes e bem fundamentados de sincronização e sinergética, aplicáveis à tecnologia de processamento complexo de água impura corrente. A invenção W2W aborda a tarefa de criar um dispositivo eficaz, móvel, adaptável e autossuficiente (reator eletroquímico e hidrodinamicamente estável) como parte de um sistema global mais amplo para a regeneração de água impura fluida. A eficácia da solução técnica proposta deve-se a:

-O baixo nível de consumo de energia necessário para o processo.

-O baixo nível de perdas de energia improdutiva durante um ciclo tecnológico do processo.

-A possibilidade de combinar e sincronizar simultaneamente certas tarefas tecnológicas autónomas que consomem energia, como a dissolução eléctrica do ânodo (o elemento de eletrocoagulação) e a formação simultânea de um espaço de oxidantes altamente concentrados.

-Redução da duração do processo, através da sincronização precisa do tempo de ciclo com a interação entre as fases tecnológicas do processo.

-Estabilização e sincronização de taxas de processo, concentrações, entradas de energia e factores temporais.

-Elevado nível de reprodutibilidade e normalização técnica do processo.

A mobilidade da solução proposta deve-se aos seguintes factores

-Minimização da construção.

-Construção modular, com módulos totalmente sincronizados.

-Esquema de interação flexível entre módulos, possibilidade de alteração sincronizada do processamento adicional, permitindo o funcionamento das instalações durante o período de transição.

A solução técnica proposta é adaptável nesse sentido:

-Variação automática e síncrona dos parâmetros de fornecimento de energia do processo, mediante alteração das condições e caraterísticas iniciais do processo, como por exemplo a alteração da condutividade da solução aquosa.

-Sistema modular, autónomo, constituído por unidades idênticas de conversão e produção de energia, que funcionam de forma sincronizada para fornecer energia ao processo.

A- sistema de sensores de feedback, fornecendo sinais utilizados para estabilizar e sincronizar os parâmetros do processo.

-Combinação síncrona de várias operações de tratamento/purificação/regeneração de águas fluidas impuras, de modo a obter o melhor resultado possível.

-Derivar do processo resultados tradicionais separados, tais como correcções de pH.

A autossuficiência da solução proposta consiste no facto de existir:

Um ciclo completo de operações e transições tecnológicas sincronizadas em todos os parâmetros entre si, proporcionando assim a regulação final necessária. - Sistema totalmente autónomo para o tratamento de vários tipos de fontes e fornecimentos de água impura fluida.

As principais vantagens oferecidas pela invenção W2W para o tratamento/purificação/regeneração de água impura fluida devem-se à realização das várias caraterísticas fundamentais da invenção W2W e aos seguintes avanços estruturais e tecnológicos:

-Estimular eficazmente a co-sedimentação (multi-sedimentação) quando a água impura contém metais e outros materiais, permitindo a sua sedimentação em condições fundamentalmente diferentes.

-Estimulação eficaz da co-sedimentação sem alteração significativa da acidez ou alcalinidade da água.

-Realização simultânea da hidroxilação e da eletrocoagulação, sem dispêndio de energia e de tempo.

-Processar eficazmente, através do tratamento/purificação/regeneração, fontes de água fluida impura num curto espaço de tempo, permitindo acelerar o funcionamento de linhas de produção automáticas.

-Obtenção de dados indirectos sobre a variação dos parâmetros de funcionamento dos elementos do sistema de tratamento/purificação/regeneração de fontes de água impura e fluida, facilmente detectáveis, utilizando o feedback para recolher informações

sobre a qualidade da água tratada/purificada/regenerada.
-Aceleração dos sistemas de controlo automático.
-Criação de módulos e complexos tecnológicos flexíveis e automatizados. -Adaptação ao tratamento/purificação/regeneração de águas fluidas impuras com condutividade muito baixa, por exemplo, 1-5 microSiemens.
-Conseguir duplicar os parâmetros de corrente ou tensão eléctrica, sem gasto adicional de energia, facilitando o processamento eletroquímico no sistema, alterando um parâmetro sem alterar o outro.
-Controlo remoto do sistema, bem como controlo dos parâmetros do processo e eliminação de desequilíbrios nos parâmetros electroquímicos e hidrodinâmicos do sistema.
-Paragem local autónoma do sistema e operação remota, sem acionamento do tratamento/purificação/regeneração da água corrente já tratada/purificada/regenerada, para recirculação da água em ciclo fechado.
-Mudança rápida do regime tecnológico de funcionamento do sistema, sincronizando automaticamente o funcionamento das fontes de corrente eléctrica contínua e da parte hidrodinâmica do sistema com uma mudança arbitrária na configuração, e de acordo com o carácter de interação entre os componentes do sistema.
--Integrar a invenção W2W em sistemas e processos de maior escala, por exemplo, sistemas de osmose inversa, sistemas de ultrafiltração, etc.
Vantagens associadas que podem ser obtidas devido a caraterísticas específicas avançadas de partes do sistema W2W para tratar/purificar/regenerar água impura corrente:
--Indicação da presença de, pelo menos, duas fontes de corrente contínua que actuam sincronizadamente.
-Ligação em série e duplicação da tensão em relação ao máximo necessário para uma dada condutividade da água impura corrente. Uma consequência deste facto é o aumento da concentração de agentes oxidantes e redutores na saída e, consequentemente, uma maior percentagem de hidróxidos na água tratada/purificada/regenerada existente.
-Ligação em paralelo e duplicação da corrente, em relação à corrente máxima necessária para uma dada condutividade da água impura de escoamento. Como resultado, há uma maior concentração de agentes oxidantes e redutores na saída, levando a uma maior qualidade de sedimentação de compostos hidroxilados na água tratada/purificada/regenerada.

-Para a ligação em paralelo, consegue-se uma coagulação eficaz em regime de corrente elevada - até uma densidade de corrente de cerca de 4A/dm', permitindo que a dissolução de um elétrodo de alumínio atinja o dobro da taxa de reação eficaz, em comparação com as taxas de reação de eletrocoagulação convencionais (densidade de corrente de cerca de 1 a 2A/dm').
-Para a ligação em paralelo, é realizada a extração electrolítica de metais preciosos da água impura corrente na fase de estabilização dos parâmetros hidrodinâmicos, à medida que a água passa entre os eléctrodos nas células de eléctrodos do reator eletroquímico.
-A invenção W2W é aplicável ao tratamento/purificação da água do mar.
-Existe a capacidade de monitorização em linha. Durante o sinal de perturbação do regime síncrono, há um sinal automático indicando a irregularidade do sistema, seguido de retorno automático ao regime síncrono, juntamente com um sinal automático informando o retorno ao regime normal de operação.
-Manter a qualidade do resultado do processo de tratamento/purificação/regeneração, com uma redução de duas vezes na potência em relação à utilização de uma única fonte de energia que fornece uma maior potência aos eléctrodos do reator eletroquímico.
-Indicação da presença de secções catódicas e anódicas comuns nos espaços interelectrodos no interior das células de eléctrodos.
--Maior intensidade da força do campo elétrico nos espaços inter-electrodos.
- Redução da resistência à passagem da água nos espaços inter-electrodos. - Maior concentração de agentes oxidantes e redutores gerados.

Table 2: Results of Comparative Tests of Various Cassettes

Source	Connec-tion	Cassette type	Water throug h-put	Cur-rent	Vol-tage	Power	pH			Conduc-tivity			Cu mg/l			Date
A/V			l/h	A	V	kW	In-put	An-ode	Ca-thode	Input	An-ode	Ca-thode	Input	An-ode	Ca-thode	
50/60	Parallel	Anode Al Cathode Al With Mem-brane	2000	35	120	4.32	9	9	9.5	1819	1815	1755	75 - 37.5	67.5 - 20	67.5 - 37.5	5.02
30/100	Parallel	Anode Al Cathode Al With Mem-brane	2000	52	65	4.42	9	8.5	9	1520	1565	1432	67.5 - 25	37.5 - 25	50 - 20	4.02
30/100	Parallel	Anode Steel Cathode Steel No Mem-brane	2000	52	65	4.42	9	9	9.5	1795	1602	1743	75 - 37.5	37.5 - 30	67.5 - 30	5.02
30/100	Parallel	Anode Al Cathode Al With Mem-brane	2000	50	55	4.25	9	9	9.5	1750	1013	1764	35 - 30	50 - 20	50 - 20	5.02

-Evitar o derramamento ou a libertação de sais do cátodo. -Evitar a retenção de incrustações anódicas na secção anódica do reator eletroquímico.
-Utilização facilitada das caraterísticas do sistema.
--Aumento da vida útil dos eléctrodos, em particular, e das células de eléctrodos, em geral.
-Redução da perda de energia eléctrica, devido à redução da resistência no espaço interelectrodos.
-Configuração assimétrica das superfícies de trabalho dos eléctrodos.
-Utilização de eléctrodos de espessura variável, o que é importante para aumentar a espessura dos ânodos, aumentando assim a vida útil dos eléctrodos.
-Realização da eletrocoagulação em simultâneo com uma reação de electro-oxidação e/ou de electro-redução.
-Alterar sincronicamente a superfície ativa efectiva dos eléctrodos, e na mesma medida tanto no cátodo como no ânodo.
-Divisão sem obstáculos, em duas partes iguais, da água que entra ou sai do espaço inter-electrodos.
-Redução da resistência hidráulica à água corrente, para realizar o processo sem a ajuda de uma pressão suplementar no espaço inter-electrodos.
-Aumentar a área da secção transversal entre cada par de dois eléctrodos, aumentando assim a taxa de fluxo de água entre o espaço inter-electrodos, o que se traduz num aumento do desempenho das células de eléctrodos e, por conseguinte, do reator eletroquímico.
-Aumento da área da secção transversal (entrada teórica) das células de eléctrodos, permitindo uma maior entrada de água que flui através das células de eléctrodos e através do reator eletroquímico.
-Aumento da capacidade de produção das células de eléctrodos e do reator eletroquímico.
De acordo com o resultado dos estudos experimentais do sistema, uma vantagem altamente significativa da invenção W2W é a redução para o dobro da potência fornecida aos eléctrodos, em comparação com as versões anteriores de conservação de energia. Como consequência, existe:
-Evitar a formação de sais sólidos, ou incrustações, na superfície do cátodo.
-Evitar a passivação ou a desativação dos eléctrodos (ânodo e/ou cátodo).
-Evitar a destruição total ou não dos eléctrodos (ânodo e/ou cátodo).
-Evitar o sobreaquecimento dos eléctrodos (ânodo e/ou cátodo). -Redução

do tamanho das fontes de energia dos eléctrodos (ânodo e/ou cátodo).
-Redução da potência instalada das fontes de energia e diminuição do limiar de segurança eléctrica.

A invenção W2W para regenerar soluções aquosas foi projectada, construída e implementada utilizando o princípio da simetria dinâmica. A simetria dinâmica é definida como "a coordenação de todos os estados não estacionários do sistema e a estabilização de todas as transições entre os estados do sistema que possuem energias diferentes", tal como referido na Enciclopédia de Física, p. 683, publicada pela Grande Enciclopédia Russa, Moscovo, 1999.

Em geral, os termos "síncrono" e "sincronização" são definidos por, e referem-se a, acções, dispositivos, sistemas, e/ou processos, que têm lugar ou ocorrem, se movem, e/ou operam, ao mesmo tempo e/ou ao mesmo ritmo, por exemplo, por terem períodos e/ou fase idênticos. Além disso, o termo "sincronizar" é definido por, e refere-se a, fazer com que acções, dispositivos, sistemas e/ou processos ocorram ao mesmo tempo e/ou ao mesmo ritmo; ser simultâneo; mover-se e/ou operar em uníssono.

Neste caso, no que diz respeito à presente invenção, é utilizada uma forma especial de sincronização. Tal como definido na mesma Enciclopédia de Fisiologia, p. 687, e tal como definido e descrito em "Synchronization of Dynamical Systems" por II. Blechman, Moscovo, 1968, com particular referência a aplicações electrónicas, a sincronização refere-se à situação especial em que "os parâmetros de funcionamento de duas fontes de corrente contínua são tais que uma das fontes (o mestre de sincronização) actua sobre a outra (o escravo sincronizado) por regulação de retorno".

Para a presente invenção, o regime de funcionamento sob simetria dinâmica de estados para o sistema consiste em duas fontes de corrente contínua, em que todos os parâmetros de sincronização são considerados como correspondendo em tempo real aos parâmetros da fonte mestre de sincronização.

Para a presente invenção, por exemplo, como ilustrado nas Figs. 16-20, o regime de funcionamento sob simetria dinâmica de estados (condições) para o sistema de tratamento de água é determinado por pelo menos duas fontes de corrente contínua (unidades de fornecimento de energia), em que todos os parâmetros de sincronização são tomados para corresponder em tempo real aos parâmetros da fonte mestre de sincronização.

A invenção W2W apresenta subsistemas e equipamentos integrados, escaláveis, adaptáveis e modulares, para tratar/purificar/regenerar tipos e quantidades comerciais de água impura corrente. Um aspeto principal da invenção W2W baseia-se na separação e remoção de impurezas inorgânicas e/ou orgânicas (por exemplo, metais, sulfatos, fosfatos, óleos e gorduras) da água impura que flui através de, e interage com eléctrodos alojados em, pelo menos, duas células de eléctrodos de um reator eletroquímico especialmente concebido e construído para proporcionar processos electroquímicos estáveis e síncronos e condições de fluxo hidrodinâmico. A invenção W2W apresenta uma conceção e operação eficientes e económicas de um mecanismo de fornecimento de energia, incluindo um par de unidades de fornecimento de energia sincronizadas e operacionais, para energizar sincronizadamente os eléctrodos que oxidam e reduzem componentes na água corrente em contacto. Os componentes da água oxidada/reduzida gerados complexam as impurezas na água corrente através de mecanismos que envolvem a coagulação e a precipitação, formando assim complexos de impurezas removíveis, por exemplo, por sedimentação, da água corrente. O sistema W2W é totalmente automatizado e computorizado, incluindo o controlo automático do processo, o controlo de avanço e o controlo de retorno, equipamento, procedimentos e software.

O funcionamento do reator eletroquímico especialmente concebido e construído é iniciado e mantido por duas fontes de energia inter-relacionadas (geradores) que diferem consideravelmente em potência. Isto deve-se ao facto de a primeira regulação (calibração) da tensão ser efectuada na primeira fonte (o mestre de sincronização), durante a qual a segunda fonte (o escravo sincronizado) permanece em standby (pausa de arranque). Isto significa que a potência instantânea da primeira fonte que está a ser calibrada excederá momentaneamente a potência da segunda fonte. Uma explicação científica detalhada da sincronização de dois sistemas acoplados é fornecida na já citada Enciclopédia de Física, p. 687. Nesta situação, a primeira fonte, com uma potência de saída instantânea elevada, desempenha o papel de mestre sincronizador, enquanto a segunda fonte, que é momentaneamente mais fraca, desempenha o papel de escravo sincronizado.

Table 3: Test Bench Results

Cassette type	Water flow	Current	Voltage	Power	pH			Conduc-tivity			Cu mg/l			Date
	l/h	A	V	kW	In put	An-ode	Ca-thode	Input	An-ode	Ca-thode	Input	An-ode	Ca-thode	
Anode Al Cathode Al With Membrane	2000	36	120	4.32	9	9	9.5	1819	1815	1755	75* - 37.5**	67.5 - 20	67.5 - 37.5	5.02
Anode Al Cathode Al With Membrane	2000	52	85	4.42	9	8.5	9	1520	1565	1432	67.5 - 25	37.5 - 25	50 - 20	4.02
Anode Al Cathode SS With Membrane	2000	52	85	4.42	9	9	9.5	1795	1802	1743	75 - 37.5	67.5 - 30	67.5 - 30	5.02
Anode Al Cathode SS With Membrane	2000	50	85	4.25	9	9	9.5	1780	1813	1764	75 - 30	50 - 20	50 - 25	5.02

* - total copper concentration

** - copper concentration after filtration

Após o início da calibração da tensão da primeira fonte, em relação à condutividade da água corrente durante a calibração, a segunda fonte começa a funcionar num regime idêntico. Uma vez que ambas as fontes funcionam num regime de "tensão estabilizada", durante o funcionamento da invenção W2W, quando a condutividade da água corrente é alterada, a fonte principal reduz a sua tensão de saída e a segunda fonte aumenta a sua tensão. A aplicação do princípio de sincronização aqui definido e descrito conduz a um sistema não linear com flutuações contínuas dos parâmetros primários do sistema relacionados com a água a ser tratada/purificada/regenerada, ou seja, a concentração de componentes químicos na água e a condutividade da água, num regime de engenharia estável, e proporciona um funcionamento estável em todas as condições de energia e um equilíbrio energético geral do sistema para tratar/purificar/regenerar uma fonte de água impura.

Parte 2 - Estrutura, função e funcionamento.

Segue-se uma descrição ilustrativa e pormenorizada da estrutura, função e funcionamento das formas de realização principais e alternativas, e respectivos componentes, do sistema de tratamento/purificação/regeneração de água Mey Rechavam (WW). Hetero-coagulação A instalação no tratamento/purificação/regeneração eletroquímica da água de um reator de células de eléctrodos com ânodos de alumínio ou ferro puro, conduz a um efeito em que o processo básico de geração de agentes oxidantes e redutores na corrente de água é complementado por resíduos anódicos que são coagulantes. Isto facilita o processo associado à necessária separação das substâncias em fase dispersa do meio dispersante. Este "limiar de coagulação" aumenta muito rapidamente. Na maioria dos casos, a água impura que flui contém vários sais de metais polivalentes, que são hidrolisados para produzir hidróxidos coloidais. Este facto estimula o processo de heterocoagulação e, frequentemente, também a coagulação básica. Na heterocoagulação, vários sistemas dispersos coagulam reciprocamente uns com os outros, resultando em partículas de uma fase dispersa que aderem às de outra fase. A heterocoagulação aumenta com a mistura mútua de sais segregantes com superfícies de partículas com cargas diversas, uma vez que as forças electrostáticas de tipo iónico entre elas conduzem à atração mútua, e não à repulsão, das partículas.

A cinética de movimento browniano da coagulação de sistemas coloidais determina o tempo de contacto necessário da água corrente que entra em contacto com os eléctrodos e o fluxo através das células no espaço inter-electrodos, de modo a que o número de unidades independentes não relacionadas diminua para metade, dando origem a um tempo de contacto "limiar de coagulação" expresso da seguinte forma, tal como descrito pela "Teoria de Smoluchowski", n = viscosidade do meio; k = Constante de Boltzmann;
T = temperatura absoluta (K); no = concentração inicial de partículas;
a = o chamado coeficiente de abrandamento da coagulação. Na ausência de uma barreira energética, ou seja, a densidades de corrente elevadas, que no caso da presente invenção é de cerca de 4A/dm', a= 1; na presença de uma barreira energética, a<1.

O tempo de permanência numa célula de eléctrodos no espaço inter-electrodos num sistema com um débito de 1m/hora é de cerca de 3 segundos. Durante este período de tempo, todo o volume de água que passa pela célula de eléctrodos sofre a ação de uma rede de coagulação espacial. Para uma amostra de água que atravessa a célula de eléctrodos durante cerca de 0,2 - 0,6 segundos, depois de sair do espaço interelectrodos, quer do ânodo quer do cátodo, o peso volumétrico da amostra de água caracteriza a turvação inicial, ou seja, o meio disperso segregado (precipitado). A fase sedimentar não estruturada depositada no decurso de cerca de 1 a 2 minutos passa para a fase sedimentada estruturada e para a camada de precipitado consolidado.

A configuração ou a forma de labirinto do reator eletroquímico utilizado no sistema W2W, semelhante a um candelabro (em particular, a um menorá), proporciona um ambiente sincronizado electroquimicamente ativo e hidrodinamicamente estável para a separação de impurezas da água corrente. Para obter as condições ideais para a sincronização hidrodinâmica de todos os fluxos paralelos da água corrente, o corpo do reator eletroquímico da célula de eléctrodos é preenchido por um labirinto em forma de "menorah". Esta estrutura torna possível o seguinte:

-Disposição do reator eletroquímico tanto na horizontal como na vertical.

- Estabilização do fluxo dinâmico de todos os cursos de água sem gastos adicionais de energia.

- Sincronização de todos os fluxos de entrada para cada uma das células dos eléctrodos. - Sincronização do movimento de fluxos paralelos no espaço inter-electrodos.
em Chemical Encyclopedia, vol. 2, p. 817, publicado pela Enciclopédia Soviética, Moscovo, 1990: =t 3n/[4 kTna], em que t = o tempo em que o número de unidades independentes não relacionadas é reduzido para metade;

O movimento das correntes de água impura e a sua sincronização são mostrados esquematicamente na Fig. 1, e o labirinto tipo "menorá" é mostrado esquematicamente na Fig. 2. A água corrente é direcionada em duas correntes paralelas iguais, em l e em 2 (Fig. 1). As correntes in e in 2 são acionadas por uma pressão entre cerca de 1,2 e 1,5 bar. Como mostra a Fig. 2, no reator eletroquímico 20, os canaisi e 2 têm aberturas 3 e 4 viradas para uma câmara de trabalho 5, enquanto as aberturas 6 e 7 estão viradas para a câmara de trabalho 8. A câmara de trabalho 5 e a câmara de trabalho 8 estão ligadas aos canais adjacentes aos canais 1 e 2, respetivamente. Os canais das duas câmaras de trabalho estão interligados através de uma abertura 9.

Uma vez que o funcionamento das câmaras 5 e 8 se processa de forma absolutamente idêntica, ou seja, síncrona, é possível considerar o equilíbrio hidrodinâmico apenas para uma delas. O fluxo no canal 1 sai através da abertura 4 no canal adjacente e atinge o nível AH, sendo que, devido à presença das aberturas 3 e 4, este nível é idêntico em ambos os canais, e continua a subir através dos canais para as câmaras de trabalho 5 e 8. A diferença AH para os dois canais é a mesma e mantém-se em regime síncrono, sendo que a abertura 3 estabiliza este regime, permitindo a passagem de ar para fora dos dois canais.

No reator eletroquímico 20, obtém-se uma simetria absoluta de funcionamento entre os canais 1 e 2 e os canais adjacentes (Fig. 2). Devido à presença da abertura 9 e AH ser simétrica para ambos os canais, a velocidade do fluxo nas duas partes idênticas é a mesma e simétrica para todos os canais adjacentes a uma das câmaras de trabalho 5 e 8. Esta simetria permite sincronizar a velocidade do fluxo em todas as fases do movimento da água que flui através do labirinto, e assim permite sincronizar o tempo de trânsito das partes simétricas correspondentes (Fig. 1). Esta circunstância permite que o reator eletroquímico seja considerado como uma célula de eléctrodos sincronizada em tandem, ligada internamente para proporcionar a sincronização hidrodinâmica das células de eléctrodos. Isto também permite a obtenção de energia eléctrica a partir de duas fontes de energia sincronizadas.

A Fig. 3 é um diagrama esquemático que ilustra uma vista em perspetiva da configuração ou forma de labirinto do reator eletroquímico 20 utilizado no sistema W2W, ilustrado na Fig. 2. A Fig. 4 é um diagrama esquemático que ilustra uma vista em perspetiva das células de eléctrodos como parte do reator eletroquímico 20 utilizado no sistema W2W.

Principais Caraterísticas Estruturais do Reator Eletroquímico

-Construção do labirinto do corpo do reator eletroquímico em forma de "menorah", como ilustrado na Fig. 2 e Fig.4

-Conexão hidráulica entre canais adjacentes do labirinto Fig. 5.

-Simetria geométrica e hidráulica entre elementos homólogos do labirinto do corpo do reator eletroquímico.

--Provisão, no corpo do reator eletroquímico, de duas células de eléctrodos, idênticas em todos os parâmetros estruturais e tecnológicos.

-Secção transversal trapezoidal das células de eléctrodos no caso de eléctrodos planos paralelos (como variante) com superfícies de trabalho activas paralelas, por exemplo, como ilustrado na Fig. 5.

-Construção autovedante das células de eléctrodos, por exemplo, como ilustrado em

Fig. 6.

-Corpo do reator eletroquímico composto.

-Outra posição espacial do corpo (como variante). -Outra forma da secção transversal do elétrodo (como variante).

-Eléctrodos tubulares co-axiais (como variante).

-Duas fontes independentes e idênticas de corrente eléctrica contínua, sincronizadas em todos os parâmetros básicos.

-Posição simétrica (como variante) das superfícies de trabalho activas nas células de eléctrodos.

-Posição assimétrica (como variante) das superfícies de trabalho activas nas células de eléctrodos.

-Diferentes combinações da secção transversal do espaço inter-electrodos.

--Espaço catódico e anódico combinado na cavidade do volume inter-

electrodos das células de eléctrodos (como variante).
-Zonas de comunicação, ligadas por canais simétricos adjacentes no labirinto do corpo do reator eletroquímico.
-Relação empírica entre a área das zonas comunicantes e a área da secção transversal do espaço inter-electrodos:
Sc.z. = Si.e.s., em que Sc.z. é a área das zonas comunicantes e Si-es. é a área do espaço intereletrodos.

PARÂMETROS EMPÍRICOS

A área do espaço inter-electrodos é da ordem de cerca de 600 mm'. A largura da superfície de trabalho ativa dos eléctrodos é da ordem de cerca de 100 mm. A área da secção transversal do elétrodo é da ordem de cerca de 20 mm? Os materiais preferidos para os eléctrodos são o aço inoxidável, o titânio, o alumínio, o ferro ou o carbono-carbono. Principais Caraterísticas Tecnológicas do Reator Eletroquímico:

-Estabilização e distribuição uniforme da água corrente na entrada do reator eletroquímico.

-Estabilização gravitacional e sincronização de fluxos de solução aquosa na entrada do espaço inter-electrodos nas células de eléctrodos.

-Passagem síncrona de fluxos de solução aquosa através do espaço interelectrodos no cruzamento das linhas de força magnéticas do campo elétrico a alta tensão entre as superfícies de trabalho activas dos eléctrodos.

-Fornecimento de corrente por duas fontes sincronizadas, equivalentes e idênticas de corrente eléctrica contínua, com duplicação de um parâmetro de saída, corrente ou tensão, através da sua sincronização em série ou em paralelo com estabilização hidrodinâmica da água que flui através das células de eléctrodos.

-Ação paralela simultânea da técnica de geração de agentes oxidantes e redutores e da técnica de dissolução eletricamente assistida (saturação de 20 volume de iões coagulantes), utilizando um único mecanismo de alimentação de energia que funciona com duas fontes de alimentação sincronizadas.

-Saída separada de catolito e anolito (como variante).

-Sedimentação em tanques de sedimentação, utilizando intensificadores hidrofóbicos e utilizando fios de sedimentação hidrofóbicos, com o objetivo de aumentar a velocidade de sedimentação em função do tempo.

Descrição do funcionamento do sistema W2W

O sistema W2W de tratamento/purificação/regeneração de água é aplicável tanto a águas residuais industriais como a águas residuais. A água tratada/purificada/regenerada tem uma qualidade que permite a sua reutilização em ciclos tecnológicos. O tratamento/purificação/regeneração da água é realizado através de um método eletroquímico, em que uma tensão direta é aplicada através de eléctrodos vizinhos, resultando na geração de álcalis (no ânodo) e ácidos (no cátodo). Uma vez que a água contém vários poluentes e impurezas, estes entram em reacções químicas com os álcalis e ácidos gerados electroquimicamente.

As reacções químicas que ocorrem na água corrente imediatamente adjacente aos eléctrodos são consideradas reacções redox. A eletrólise consiste assim numa reação de redução no cátodo e numa reação de oxidação no ânodo. Um ânodo metálico pode ser (a) não dissolvente e atuar apenas como um local de transferência de electrões durante a eletrólise, ou (b) dissolvente (ativo), pelo que é oxidado durante a eletrólise. A atividade redox da corrente eléctrica reforça, em muitos casos, as reacções químicas de oxidação e redução.

A análise das tabelas de metais de eléctrodos padrão mostra o seguinte:

1. Os catiões metálicos, por exemplo, Cut?, Hg*2, Ag*, Pt*2, ... e Pt*", com um potencial de elétrodo padrão superior ao do hidrogénio, são completamente dissolvidos no ânodo e/ou pelo ânodo durante a eletrólise e são depositados sob a forma metálica no cátodo.

2. Os catiões metálicos, por exemplo, Lit, Na*, K*...,..., e Nit?, até Al*, com um potencial de elétrodo padrão inferior ao do hidrogénio, durante a eletrólise, permanecem ligados ao ânodo sem se dispersarem entre as moléculas de água.

3. Os catiões metálicos, por exemplo, Mnt, Znt, Cr* e Fet, com um potencial de elétrodo padrão inferior ao do hidrogénio e superior ao do alumínio, durante a eletrólise, depositam-se no cátodo e dispersam-se entre as moléculas de água.

Os catiões destas substâncias são facilmente dispersos em torno do cátodo, o que representa um elevado potencial positivo. As reacções que ocorrem no ânodo dependem das caraterísticas físicas e químicas do eletrólito, bem como do material do ânodo. Os produtos que se desprendem dos eléctrodos podem estar envolvidos em reacções químicas entre si.

Na eletrólise, as relações quantitativas entre a substância transportada e a corrente que atravessa o eletrólito são expressas pela primeira e segunda leis de Faraday:

Primeira lei - a quantidade de substância desprendida de um elétrodo é diretamente proporcional à carga eléctrica transportada entre os eléctrodos.

Segunda lei - a quantidade de substância desprendida de um elétrodo após o transporte de uma unidade de carga eléctrica é diretamente proporcional ao equivalente químico da substância.

Das leis de Faraday resulta que para destacar uma massa G de substância igual a 1 equivalente é necessário um transporte através dos eléctrodos de 96,487 coulombs de carga eléctrica. Esta constante é conhecida como constante de Faraday. Assim, G = EIT/96487, em que I é a intensidade da corrente, é a duração da eletrólise.

Normalmente, o reator eletroquímico do sistema de tratamento/purificação/regeneração de água W2W pode processar água contaminada, que é introduzida no reator eletroquímico, com as seguintes propriedades físicas e químicas, caraterísticas e composição:

1. pH de cerca de 4 a cerca de 10.
2. Teor de sal até cerca de 2000 mg/l.
3. CBO total (carência biológica de oxigénio) até cerca de 150 mg/1.
4. Partículas em suspensão de dimensão não superior a cerca de 0,7 mm, numa concentração não WO 2005/001164 PCT/US2004/016628 superior a cerca de 2% em volume da água contaminada introduzida no reator eletroquímico.
5. Normalmente, de acordo com a fonte, por exemplo, o processo de revestimento metálico, da água contaminada a ser tratada pelo sistema W2W, existe um contaminante iónico metálico dominante, por exemplo, o ião cobre na água que sai de um processo de revestimento de cobre. O reator eletroquímico do sistema W2W pode processar uma concentração máxima de até cerca de 2000 mg/1 do contaminante iónico metálico dominante na água que alimenta o reator eletroquímico. Nos casos em que o crómio hexavalente é o contaminante iónico metálico dominante, o reator eletroquímico pode processar uma concentração máxima de até cerca de 100 mg/l de crómio hexavalente na água de entrada.
6. Separadamente, ou em complemento, da água contaminada que inclui um contaminante iónico metálico dominante, o reator eletroquímico do sistema W2W pode processar água contendo uma concentração "total" de até cerca de 100 mg/1 de iões de metais não ferrosos, por exemplo, zinco, cobre, níquel, cádmio, crómio trivalente, desde que a concentração de qualquer um desses iões de metais não ferrosos não exceda cerca de 30 mg/l. No caso de a concentração total de iões de metais não ferrosos ser superior a cerca de 100 mg/l na água que alimenta o reator eletroquímico, é necessário reduzir a concentração total submetendo a água de entrada a um processo de pré-

tratamento (incluído como parte de uma configuração global do sistema W2W), antes de alimentar a água de entrada no reator eletroquímico. O tipo específico de processo de pré-tratamento é selecionado, em parte, de acordo com os tipos e níveis reais de contaminantes na água de entrada.

7. Nos casos em que a água de entrada inclui compostos insolúveis, por exemplo, compostos hidroxilados salinos, é necessário diminuir a concentração total desses compostos insolúveis tanto quanto possível, por exemplo, utilizando um ou mais processos de pré-tratamento (incluídos como parte de uma configuração global do sistema W2W), antes de alimentar a água de entrada no reator eletroquímico.

Qualquer processo de pré-tratamento, incluído como parte de uma configuração global do sistema W2W, utilizado para a limpeza ou pré-tratamento preliminar acima indicado da água de entrada antes de ser introduzida no reator eletroquímico é realizado utilizando reagentes que são compatíveis com o processo eletroquímico a jusante que tem lugar no interior das células de eléctrodos do reator eletroquímico. Por exemplo, os reagentes utilizados em qualquer processo de pré-tratamento não devem influenciar (aumentando ou diminuindo) a solubilidade em água dos eléctrodos, por exemplo, eléctrodos de alumínio ou de ferro, que funcionam nas células de eléctrodos do reator eletroquímico.

O processo de tratamento/purificação/regeneração da água não necessita de reagentes especiais e é controlado apenas pela variação dos parâmetros eléctricos do reator eletroquímico.

A fonte de alimentação da instalação é, de preferência, constituída por duas fontes. Se a fonte de água impura for de alta condutividade, as fontes de energia serão ligadas em paralelo e, se a condutividade for baixa, serão ligadas em série. Cada fonte de energia funciona num regime de tensão estabilizada, utilizando uma realimentação de tensão negativa.

Isto lembra um feedback semelhante de operação de fonte idêntica sob PLC (Programmable Logic Controller). Um resultado vantajoso desta solução é que não há desequilíbrio na saída das fontes de energia, uma vez que a corrente e a tensão de saída são mantidas idênticas.

O esquema de fluxo básico do sistema de tratamento/purificação/regeneração de água W2W é ilustrado na Fig. 7, juntamente com uma referência a uma forma de realização preferida exemplar ilustrada na Fig. 8. A água de fluxo impura entra de um tanque de abastecimento1 através de uma válvula 2, descendo ao longo de uma tubagem do sistema através de um filtro mecânico 3 para chegar ao reator eletroquímico 20. O débito é determinado por meio de uma válvula de saída de controlo 4, na qual é fornecido um rotâmetro de saída indicador 5.

No interior do reator eletroquímico 20 têm lugar processos electroquímicos que resultam na formação de determinados compostos hidroxilados de metais, bem como de sais que saem do reator eletroquímico 20 sob a forma de pequenos flóculos, após dois ciclos de catalito e um ciclo de analito. Estes ciclos caracterizam-se por reacções que têm lugar no reator eletroquímico 20 e nas cubas 7 e 8 de saída do reator eletroquímico, no interior das quais se formam os flóculos.

A partir dos tanques de saída do reator eletroquímico 7 e 8, a água corrente é encaminhada para a terceira fase de uma coluna de sedimentação vertical de paredes finas 9. Da coluna de sedimentação 9, a água clarificada passa através de um vaso regulador de nível 10 para um vaso de reserva 11. A partir desse recipiente, uma válvula de água 12 permite a passagem da água corrente através de filtros de malha mecânica 13 para filtros de permuta iónica 16. O débito através dos filtros permutadores de iões 16 é determinado por uma válvula de saída 14 e indicado por meio de um rotâmetro 17.

Para além da descrição anterior, acima, do reator eletroquímico 20, tal como ilustrado na Fig. 2, são fornecidos mais pormenores sobre o reator eletroquímico 6 (Fig. 8), com referência à Fig. 9, um diagrama esquemático que ilustra uma forma de realização preferida exemplar do reator eletroquímico 20. Por uma questão de coerência e clareza, os componentes do reator eletroquímico e os respectivos números de referência, indicados na Fig. 9, são os mesmos que os indicados na Fig. 2.

Como se mostra na Fig. 9, o reator eletroquímico 20 inclui duas câmaras de trabalho 5 e 8, cada uma com as suas cassetes específicas de células de dois eléctrodos e o seu par associado de eléctrodos de carga oposta, como ilustrado anteriormente nas Figs. 4, 5 e 6, e aqui ilustrado nas Figs. 10, 11 e 12, feitos do mesmo material ou de materiais diferentes.

A fim de otimizar o regime de funcionamento do reator eletroquímico 20, a construção representada na Fig. 9 foi especialmente concebida e implementada para permitir estimar a eficácia do funcionamento das cassetes e dos processos electrolíticos em função dos parâmetros eléctricos que desempenham um papel importante no controlo do regime de funcionamento no intervalo entre eléctrodos e nas tampas das cassetes.

As dimensões exemplares dos eléctrodos são 100 mm x 320 mm, e a distância entre eles é de 6 mm. Por conseguinte, a área da secção transversal através da qual a água flui é de 100 x 6 = 600 mm?

Para estimar o carácter do fluxo, fazemos as seguintes observações: reacções que ocorrem no reator eletroquímico 20 e nos tanques de saída dos reactores electroquímicos 7 e 8, nos quais se acumulam os flóculos.

Dos tanques de saída do reator eletroquímico 7 e 8, a água corrente é encaminhada para a terceira fase de uma coluna de sedimentação vertical de parede fina 9. Da coluna de sedimentação 9, a água clarificada passa através de um vaso regulador de nível 10 para um vaso de reserva 11. A partir desse recipiente, uma válvula de água 12 permite a passagem da água clarificada para um recipiente de reserva 11. a. A temperatura de escoamento da água através da fenda é constante na direção do escoamento. b.c. d.
A taxa de evolução do gás a partir do líquido é negligenciável.

A superfície interna do elétrodo tem um coeficiente de rugosidade insignificante. Não há condensação de água durante o funcionamento.

Para determinar o carácter do escoamento do líquido, aplicamos o critério do número de Reynolds (Re), determinado pela fórmula:

$$Re = [p V D] / п , (1)$$

onde é a densidade do líquido, V é a velocidade do fluxo, Did o diâmetro do canal e n é a viscosidade dinâmica (=cinética).

Para o caso específico aqui descrito, em que a secção transversal através da qual o líquido flui é um canal em ângulo reto, sendo um braço mais comprido do que o outro por um fator de 16,5, a água que flui é considerada como um fluido em fluxo através de uma fenda estreita. Neste caso, o número de Reynolds é determinado pela fórmula:

$$Re = [VL]/n, (2)$$

onde É a dimensão caraterística do canal? Neste caso, a largura da fenda =6,00 mm. Com referência à Fig. 13, para o fluxo de água através da cassete de eléctrodos, existe:

$$p= 1000 kg/m', e n = 0,01 \times 10-68.$$

O reator e o sistema electroquímicos W2W funcionam com água impura de Q= entre 10 e 30 m/'hora. Sabendo que a área da secção transversal Sot é 0,100 x0,006 m,' e o número de cassetes de eléctrodos no reator eletroquímico, a velocidade do fluxo, V, é determinada de acordo com a fórmula:

V=Q/S 3600 0,006 =0,116 Qm/seg (3)

As fórmulas (2) e (3) são utilizadas para ter em conta o valor do número de Reynolds e da velocidade do escoamento, V, para vários valores do caudal de água, Q, como se segue: Qm's Vm/s
Re
0.5 1.0 1.5 2.0 0.1 16 0.174 0.232 73 160 1546
25. 30. 0.290 0.348 1933 2320

Se o número de Reynolds não exceder um determinado valor crítico, então o comportamento do fluxo de ódio da água é laminar. Se o número de Reynolds exceder um valor crítico, então o comportamento do fluxo de ódio torna-se turbulento. Para tubos lisos e fluidos não viscosos, o número de Reynolds crítico é de cerca de 2300. Noutros casos relatados na literatura, as condições de transição ocorrem num número de Reynolds crítico de cerca de 1700. Note-se que o gradiente de temperatura inicial ao nível das cassetes de eléctrodos e a evolução do gás no processo de escoamento entre os eléctrodos, no reator eletroquímico, fazem com que o número de Reynolds crítico seja bastante inferior, afectando o início do escoamento turbulento.
No caso de ser exercido um controlo considerável do débito de água, é de salientar que, após a saída da água purificada a uma velocidade de pelo menos 20 m/hora, o fluxo através da fenda inter-electrodos pode tornar-se turbulento. Para reacções electroquímicas normais em condições de difusão iónica melhorada assistida pelo campo elétrico, o regime de fluxo laminar é normalmente a regra e não a exceção. Controlo automático da alimentação e da realimentação do sistema W2W Para descrever o controlo automático da alimentação e da realimentação do sistema W2W 10, remete-se para as Figs. 14 e 15. O controlo automático do sistema W2W permite o processamento de água impura sem intervenção na produção. A água impura a ser tratada passa pelas seguintes fases: filtração preliminar 40, tratamento eletroquímico

31, sedimentação 41 e 42, filtração pontual 43 e permuta iónica 44. O fluxo de água através de todas as fases de tratamento é sujeito a um controlo automático constante para permitir o funcionamento completo e adequado de todas as partes do ciclo hidrodinâmico com o único objetivo de produzir um rendimento adequado e evitar situações de "descontrolo" ou "fuga".

O controlo automático do sistema W2W é efectuado por um controlador eletrónico programável. É necessário utilizar uma configuração de bloqueio dos 20 sistemas hidrodinâmicos. A versão básica do sistema funciona da seguinte forma: a água a ser tratada passa primeiro para um tanque de reserva do sistema 30, no qual o nível da água é determinado. O primeiro tanque intermediário 30 é necessário para regular o fluxo de água do tanque de demanda e ajustá-lo à taxa de fluxo necessária através do sistema. O nível da água é determinado por meio de um sensor de nível 24, que estabelece a existência de qualquer um de três níveis significativos de água no tanque. O nível mais baixo indica o nível de água mais baixo permitido no depósito e a quantidade mínima admissível.

O controlador da fonte de alimentação 1 (Fig. 15) recebe dados sobre o nível de água como um sinal que indica se o primeiro reservatório de reserva 30 está vazio e deve ser reabastecido.

O segundo nível ocorre entre o nível baixo e o nível superior. Nesta região, o controlador 1 emite um comando para efetuar um de dois processos possíveis, ou reabastecer o primeiro tanque tampão 03 abrindo uma válvula 26, ou esvaziar o primeiro tanque tampão 30 através da válvula de escoamento. O terceiro nível indica o nível máximo de água no tanque, ou acima dele. O controlador 1 interpreta este caso emitindo um sinal "reservatório cheio" que exige o fecho da válvula de enchimento.

A válvula do tanque 26 do primeiro tanque pulmão 30 é a primeira válvula na versão básica do sistema. Existe também uma segunda válvula de libertação28 para um segundo tanque de compensação 27. A água entra no segundo tanque de compensação 27 através do reator eletroquímico 31 e dos recipientes de sedimentação 41 e 42. O reator eletroquímico 31 recebe energia de uma fonte de alimentação e da unidade de controlo 29, mas apenas quando a água entra no reator eletroquímico 31. O caudal mínimo de água suficiente através do reator eletroquímico 31 para fazer funcionar a fonte de energia e a unidade de controlo 29 é acionado por um sensor de caudal 32. O sensor de fluxo 32 está instalado na entrada do reator eletroquímico, onde detecta a entrada de água. Outras funções do sensor de caudal 32 são o controlo adicional da cadeia hidrodinâmica, desde o primeiro tanque pulmão 30 até ao ponto onde o sensor de caudal está instalado.

O controlo dos dados é efectuado da seguinte forma: se for dado um comando para abrir a primeira válvula 26, um fluxo de água desce através da primeira válvula 26 e, se este fluxo se revelar impróprio, ou seja, se houver um problema na parte superior da cadeia hidrodinâmica e o sistema for ameaçado por uma situação potencialmente desordenada ou instável, então o segundo tanque tampão 27 serve para ajustar o fluxo de água após a sedimentação 41 e 42 e regula este fluxo após a passagem por vários filtros 43 e colunas de permuta iónica 44.

O enchimento excessivo e aleatório do segundo reservatório-tampão 27 é evitado por várias medidas. Uma delas é a indicação prévia do caudal de água que entra no segundo reservatório-tampão 27 e que sai desse reservatório. Esta indicação leva a que sejam tomadas medidas especiais para regular o caudal de água. O controlo do caudal de água é efectuado de acordo com as leituras de um medidor de caudal 45. Uma indicação preliminar do caudal de água ocorre quando a entrada de água no segundo tanque de compensação 27 é 5 a 10% inferior ao caudal de água que sai do segundo tanque de compensação 27. O segundo reservatório-tampão 27 está equipado com um sensor de nível 25, que serve para controlar uma segunda válvula 28 e acciona a segunda válvula em caso de enchimento excessivo do segundo reservatório-tampão 27. Esse enchimento excessivo pode ocorrer devido a uma indicação inicial errada do caudal de água no regulador de caudal ou devido a uma falha que provoque o fluxo de água da parte hidrodinâmica para o segundo reservatório-tampão 27. Por conseguinte, a falta de controlo do nível de água no segundo reservatório-tampão 27 em relação ao controlo do nível de água no primeiro reservatório-tampão 30 pode dar origem a transbordamento e, por sua vez, ao fecho da primeira válvula 26.

RECLAMAÇÕES

Eu digo:

1. Um controlo de potência para um aparelho de tratamento de água alimentado eletricamente com células de eléctrodos, compreendendo
- uma fonte de alimentação principal com uma entrada de controlo;
- uma fonte de alimentação secundária com uma entrada de controlo;
- um sensor de corrente adaptado para medir a corrente eléctrica que flui através das células do aparelho de tratamento de água;
- um sensor de tensão adaptado para medir a tensão aplicada às células da potência aplicada às células sem sobreaquecimento.

2. O controlo de potência da reivindicação 1, em que as células são acionadas num aparelho de tratamento de água de circuito em série;
- um autómato com entradas provenientes do sensor de corrente e do sensor de tensão e saídas para as fontes de alimentação principal e secundária;
- em que o referido PLC está programado de forma a poder maximizar a potência eléctrica aplicada às células sem sobreaquecimento.

3. O controlo de potência da reivindicação 1, em que as células são acionadas num circuito paralelo.

4 O controlo de potência da reivindicação 1, em que as células são acionadas num circuito pseudo-paralelo, em que as células são ligadas em série e a corrente é regulada de modo a simular o funcionamento em paralelo.

Lista de referências, informações sobre patentes e licenças:

A. N. Fomichev - Investigação do sistema de controlo, 2021, página 259.

B. N. Frog, A.P. Levchenko - Fundamentos teóricos dos processos físicos e químicos do tratamento de água e condensados, 1996 , páginas 178.

Publicado:

- com relatório de pesquisa internacional
- de invenção (Regra 4.17(iv)) apenas para os EUA

Para os códigos de duas letras e outras abreviaturas, consultar as "Notas de orientação sobre códigos e abreviaturas" que figuram no início de cada edição regular do boletim PCT.

Printed by Books on Demand GmbH, Norderstedt / Germany